“文化旅游：绍兴故事新编”丛书

绍兴名楼

朱文斌　何俊杰 主编

余晓栋　丁晓洋　张书娟 副主编

浙江工商大學出版社
ZHEJIANG GONGSHANG UNIVERSITY PRESS
·杭州·

图书在版编目（CIP）数据

绍兴名楼 / 朱文斌，何俊杰主编. — 杭州：浙江工商大学出版社，2023.3
（“文化旅游：绍兴故事新编”丛书；6）
ISBN 978-7-5178-4814-1

Ⅰ. ①绍… Ⅱ. ①朱… ②何… Ⅲ. ①楼阁—名胜古迹—介绍—绍兴 Ⅳ. ①K928.74

中国版本图书馆CIP数据核字（2022）第010065号

绍兴名楼

SHAOXING MING LOU

朱文斌　何俊杰　主编

出品人　郑英龙
策划编辑　任晓燕
责任编辑　张晶晶
责任校对　韩新严
封面设计　屈　皓　马圣燕
责任印制　包建辉
出版发行　浙江工商大学出版社
（杭州市教工路198号　邮政编码310012）
（E-mail：zjgsupress@163.com）
（网址：http：//www.zjgsupress.com）
电话：0571-88904980，88831806（传真）
排　　版　杭州彩地电脑图文有限公司
印　　刷　杭州宏雅印刷有限公司
开　　本　880 mm × 1230 mm　1/32
印　　张　44
字　　数　460千
版 印 次　2023年3月第1版　2023年3月第1次印刷
书　　号　ISBN 978-7-5178-4814-1
定　　价　228.00元（全9册）

“文化旅游：绍兴故事新编”丛书编委会

序言

文旅融合、重塑城市文化体系，核心是激活、转化、创新文化资源与文旅产业，形成色彩斑斓、各具特色、生动活泼的文化旅游大格局，而讲好绍兴故事、传播好绍兴声音必然意义非凡。

由浙江越秀外国语学院、浙江传媒学院组织编纂的这套“文化旅游：绍兴故事新编”，是面向广大青少年和游客的系列普及丛书。书中通过民间故事、历史逸事、神话传说等角度取材编写，系统地向大家介绍了与绍兴有关的越中名人、历史文化、名川大山、江河湖泊、千年古桥、黄酒、越茶名寺、古镇古村、名楼名阁等九大方面故事，从多种维度书写了绍兴城市独特的历史芳华，浓缩了古越大地的千年文脉意象，使之成了为广大青少年和来绍兴的游客解码绍兴城市历史文脉的一把钥匙和引领他们漫溯古越文化的一艘时光乌篷。

丛书中的故事通俗易懂、情节跌宕起伏、语言优美生动，既有历史的维度，又有文化的内涵，每个专题在用多个故事还原绍兴历史文化的同时，对绍兴大地的风物、地

貌、人文、历史等方面都进行了故事性的直观描述和清晰解读。在这本书里，绍兴已不仅仅是一个停留在人们头脑里的地域性存在和耳朵中听闻的故事叙述的空间，而是变成了一个向广大青少年和游客诠释、展示和输送绍兴整座城市精神、气质、品格的重要平台。我想，这部丛书的出版对于广大青少年和游客应该可以产生三个层面的积极影响：

一是使广大年轻人更加了解绍兴故事和感知绍兴文化。丛书中大量吸引人、感染人的故事情节和故事事实，可以使年轻人更加了解素称“文物之邦、鱼米之乡”的绍兴是“山有金木鸟兽之殷，水有鱼盐珠蚌之饶，物有种养工贸之丰，城有山水人文之绝”的；同时使年轻人更加深刻地感知到灵光四射的越中历史文化，体悟到延绵不绝的绍兴人文思想，并让这种深厚的历史文化与风土人情形成持续的吸引力与影响力，熏陶、浸润和教化一批又一批的年轻人。

二是使广大年轻人更加热爱绍兴故事和敬仰绍兴文化。

让广大年轻人在了解绍兴故事和感知绍兴文化的基础上，更加充分地了解到，在绍兴这片古老的大地上，一万年前就有于越先民繁衍生息，中华民族的人文始祖在这里开天辟地，灿若星辰的先贤名士在这里挥洒才情；感知到，从越国都城到秦汉名郡，从魏晋风流到隋唐诗路，从南宋驻跸到明清士都，从民国峻骨到新中国名城，绍兴先民在古越大地演绎了荡气回肠的侠骨柔情和续写了延绵不断的千年文脉，使年轻人发自肺腑地生出热爱绍兴故事的人文情怀和敬仰绍兴文脉的文化凝聚力。

三是使广大年轻人积极传播绍兴故事和弘扬绍兴文化。当广大年轻人对绍兴故事和绍兴文化产生强烈的人文情怀和较强的文化敬仰之情时，他们就会自然而然地将绍兴文化中的人文精髓植入并内化到自己的生活、学习之中，并会自觉向更多的人讲述他们眼中的绍兴故事、文化特色和人文情怀，并能够积极地将那种跨越时空、超越国度、富有魅力并具有当代价值的绍兴文化精神自觉地传播和弘扬开来，从而在故事的讲述中延续绍兴传统历史文化的价值体系，使绍兴独特的历史文脉传承有序，长盛不衰。

实现上述三个层面的效果就是我们广大文旅工作者和教育工作者为广大青少年朋友讲好绍兴故事的应有之义和必然选择，我想这也应是浙江越秀外国语学院组织编纂“文化旅游：绍兴故事新编”这套丛书的题中真意和初衷本意了。

讲好绍兴故事，首先要让年轻朋友们融入绍兴情景并产生感动。就让我们在这套丛书的故事中陪同大家品读和感受绍兴的江南意涵与万年气象吧。

何俊杰

（中共绍兴市委宣传部副部长、市文化广电旅游局局长）

2019 年 11 月 24 日

目录

树兰建书楼

古越藏书楼是清代乡绅徐树兰创建的近代中国第一个公共图书馆，在中国图书馆史上是一次重大的文化创新。灰白的门楼，白墙青苔，黑木幽深，庄重自持，不

失为一方净土。

徐树兰，字仲凡，号检庵，生于鸦片战争前夕的道光十八年（1838），卒于光绪二十八年（1902），山阴栖凫人。

鸦片战争之后，一大批有识之士痛定思痛，纷纷主张要求改革现行体制，国内如火如荼地进行着各种改革活动。光绪二十六年（1900），因为母亲病重，赋闲的兵部郎中徐树兰回到绍兴，在改革的浪潮中，他始终没有放弃对国家对民族的希望。他热心于地方公益事业，并且较早地接受了资产阶级改良派的变法主张，希望改革教育，务农富国。

一日，他受到蔡元培创设养新书藏的启发，心里有了更为宏大的设想，决心创设一个更大的图书馆来实现自己的抱负。

他在绍兴府城古贡院购地一亩六分，耗银三万两千九百六十两，建造古越藏书楼。同时，还给朝廷写了篇“为捐建绍郡古越藏书楼，恳请奏咨立案文”，讲述了藏书楼，也就是西方所说的图书馆对于文明开放的重要性。“都会之地，学校既多，又必建楼藏书，恣人观览。英、法、俄、德诸国收藏书籍之馆，均不下百数处。伦敦博物院之书楼，藏书之富，甲于环球。一切有用之图画报章，亦均分门藏弆。阅书者通年至十余万人。日本明治维新以来，以旧幕府之红叶山文库、昌平学文库初移为浅草文库，后集诸藩学校书，网罗内外物品，皆移之上野公园，称图书馆，听任众庶观览。其余官私书籍馆亦数十处，藏书皆数十万卷。一时文学蒸蒸日上，国势日强，良有以也。”

那个时代，官府藏书深扃，私人藏书秘而不宣，即使是维新派办的藏书楼，也只是对学会会员或部分与学会有关系的人士开放。但古越藏书楼开创了与之不同的道路，一曰存古，一曰开新。

徐树兰寄厚望于“学以经世，读书报国”，认为“不谈古籍，无从考政治学术之沿革；不得今籍，无以启借鉴变通之途径”。其既反对以往士大夫“详古略今”，也批判自戊戌变法失败后士林中存在的“尚今蔑古”的倾向，在当时独具一格。

遗憾的是，徐树兰因病去世，最终并没有亲眼见到藏书楼的落成开放。他在鞠躬尽瘁这条路上走了太远，辛劳过度让他的身体迅速衰弱下来。但即便是这样，他还是念念不忘古越藏书楼的建造，嘱托孩子一定要建好古越藏书楼。于是，长子徐元钊继承了父亲的遗志，于光绪二十九年（1903）建成藏书楼。

变一家之书为万众之书，不以所藏私子孙，而推惠于乡闾，是古越藏书楼豁豁大度的君子风范，如此，古越藏书楼得以在历史的长河中炫煌于后世。

古越藏书楼建成了，徐树兰却永远不在了，但这座楼的背后是徐树兰悠长的目光。他仿佛就坐在楼前，左手握书，右手搁膝，神态安详，目光如炬，透过沧桑，望穿千秋，遥想他从酝酿藏书楼的那天起，就一直在眺望的中国的未来。

稽山承文脉

延续千年的稽山书院位于绍兴城内卧龙山之南，与古代越王勾践的宫殿遗址——越王台相望。历经多个朝代，稽山书院饱受沧桑，几度兴废。2014 年稽山书院在柯桥区会稽山龙华寺复院。

稽山书院的创建者是范仲淹，当时范仲淹请了学者来主持书院进行讲学，大儒朱熹也曾过来讲学，一时名人荟萃，可惜后来逐渐衰落。

幸运的是，稽山书院遇到了第二位主人——王阳明。稽山书院不仅陪伴了王阳明数年时光，更是见证了王阳明心学体系的完善与发展。阳明心学体系中重要的“致良知”理论就诞生于稽山书院。经王阳明多年的讲学及扩建，稽山书院再次成为当时国内最为著名的书院。

王阳明祖籍为绍兴山阴，他的父亲王华官至吏部尚书，却一心恋着家乡山水，致仕后迁回老家居住。弘治十二年（1499），王阳明进士及第，由于上疏有功，得到上司赏识，历任刑部主事、兵部主事等。王阳明虽然身在官场，他的兴趣却在宗教学术上，曾经告病回乡，在会稽山的山洞中“筑室结庐，潜心立说”。王阳明出山后，平定叛乱，在官场起起落落，最后还是不忘初心，选择了辞官立院讲学。

嘉靖元年（1522），王阳明父亲王华去世，王阳明回乡守制，决定光大稽山书院，好好讲学。他招收绍兴府属的八县弟子，湖南、江西的许多学子也纷纷慕名而来，书院学生达三百多人。他不嫌弃弟子，不挑剔门人，无论贫富贵贱，他都一视同仁，将自己几十年所学倾囊相授。王阳明用他的人格魅力和学识征服了无数人，周围人纷纷慕名而来，稽山书院一时兴盛，风头无两。

一日，一个六十八岁的名士董沄赶来拜会王阳明。经过交流之后，董沄完全被王阳明的学问、人品所折服，坚决要拜王阳明为师。

董沄的朋友听闻了这件事纷纷劝他："你都这么大年纪了，又何必这么辛苦呢？"董沄笑着回应："我拜阳明先生为师，在这里求学问道，才从苦海中逃离出来，你们怜悯我反而是辛苦自己了，走吧，我还是要遵循我的想法。"

阳明先生听说了这件事，还给董沄写了一篇《从吾道人记》，传为佳话。在这座书院里，这样的故事时常发生，王阳明名满天下。"讲习有真乐，谈笑无俗流。"阳明先生有着很深的书院情结，阳明心学的发展离不开书院。书院是一方净土，是讲学、悟道和传道之所，如王阳明在《稽山书院尊经阁记》中感叹：

越城旧有稽山书院，在卧龙西岗，荒废久矣。郡守渭南南君大吉，既敷政于民，则慨然悼末学之支离，将进之以圣贤之道，于是使山阴令吴君瀛拓书院而一新之；又为尊经之阁于其后，曰：经正则庶民兴，庶民兴斯无邪慝矣。阁成，请予一言，以谂多士。予既不获辞，则为记之若是。呜呼！世之学者，得吾说而求诸其心焉，其亦庶乎知所以为尊经也矣。

稽山书院历经几番兴衰，如今书院复建，立于会稽山上。相信“夜无卧所，更番就席”的盛况终会在新的时代再现，静静的稽山书院，等待着新时代大儒的到来。绍兴古城，城池未变，文脉不断。

蕺山书院静

蕺山为绍兴古城内三小山之一，也是绍兴的历史名山。在蕺山，明代哲学家刘宗周曾在此讲学，并与他的学生黄宗羲、陈确等人形成了蕺山学派。在当时乃至后世都具有深远的影响。

蕺山书院是刘宗周等人探讨讲学之处，后因故破坏，于康熙五十五年（1716）重建，成为官办书院，持续近二百多年，名士蒋士铨、全祖望、李慈铭等人都在此，或当院长，或著书讲学。光绪二十七年（1901），改为山阴县学堂。徐锡麟曾在此执教，范文澜、陈建功等先后在书院就读。2004年，地方投入资金重修蕺山书院，将此地的书香气韵延续，使之成为一处风景胜地。

追根溯源，蕺山书院，要从八百多年前的南宋乾道年间说起。最早在这里办学的是从相州南渡居越的韩家，后人称之为“相韩旧塾”。

而真正使蕺山书院名气大振的，是源于明代儒学大师刘宗周曾在院中讲学教人，后逐渐形成以刘宗周为首，他的学生黄宗羲、陈确、张履祥等为中坚的著名蕺山学派的发祥地。

蕺山书院门口左右两侧山墙上嵌“慎独、诚意”二词。慎独、诚意，正是刘宗周的学说宗旨。

相传，旧时在书院门前，有一洒扫僧人，春分冬至，日日在此。少人识他，但刘宗周却对他关怀备至，时常待僧人暂歇脚之时上前与其攀谈。僧人在这书院前打扫了三十余年直至去世。

得知其已去世的消息，刘宗周伤心不已，众人不解。后刘老讲学时，无意提起他和僧人相识的渊源。刘宗周本登仕途，于偶然经蕺山。当时的刘宗周正值意气风发之际，登山巅，素有觉众山之小的狂意。也就在这时，他遇见了僧人。僧人见刘宗周之气度，前往悉劝：“独往呦呦天地，是觉人之度有限。”刘宗周听此言却是不恼，拂袖作揖：“敢问大师何许人也？”僧人同礼回复：“不过天地众生一点，为天下读书人祈愿。”

那一夜，星星闪闪。刘宗周和僧人畅谈一夜。后决心在蕺山建书院，读书教人。后人皆知刘老办学之风尚，却少人识老僧劝学之事。刘宗周正是从老僧倾其一生向学的故事中提出治学应从“慎独”的不懈努力，达到“诚意”境界。

蕺山书院，自宋乾道迄今，历时 800 多年，承继有序，代有闻人，名师相踵，高第辈出。走近书院，放下喧嚣，投身书香，让我们跟随着先贤的脚步，一心向学，止于至善。

蔡邕柯笛亭

柯笛亭，又名高迁亭，位于浙江省绍兴市西南，以产良竹著名。古柯笛亭地处一块形若半岛的平地，三面临水，环境幽雅，风景独绝。在亭子的背后还蕴含着一个有趣的历史故事呢。

据说，东汉时期有位名臣叫蔡邕，陈留郡圉县（今河南杞县南）人。他是文学家、书法家，也是才女蔡文姬的父亲。他博学多闻，喜欢文章辞赋、数术天文，并且精通音律，才华横溢。灵帝时，他担任郎中，为皇帝出谋划策。他为人正直，忧国忧民，敢于对灵帝直言时弊。只是忠言逆耳，顶撞的次数多了，灵帝就对他慢慢厌恶起来，让他告老还乡了。

蔡邕满怀才学就这样告老还乡，心中不平，就借用音乐来抒发自己壮志难酬的悲愤。

一天，蔡邕辗转来到浙江绍兴的柯亭。他见亭子飞檐翘角、古朴典雅，又可远眺古纤道，不禁连连赞叹，又想起自己满腹学识却不受重用，郁结之情涌上心头。正当他心怀感伤之时，蔡邕抬头发现了亭子东头第十六根竹椽，他对着这根竹椽呆呆地愣了好久，然后好像想到了什么……

第二天，他请来亭子的主人，想要取下这根竹子。主人得知后很不解，柯亭有这么多竹子，为什么非要亭子上的这根呢？蔡邕连忙解释，原来这支竹椽与其他的不同，纹丝细密，圆直得当，充满了灵气。

这么适合做笛子的材料却被埋没于房间一角，就如人才只能平庸于乡野不受赏识，太可惜了！主人得知缘由爽快地同意了他的请求。

没多久，一支笛子便制作完成了，吹奏起来果然清远悠扬，音质不俗。蔡邕便常常把柯亭笛带在身边，演奏了许多动人的乐曲。后人以竹喻人，把优秀人才称为柯亭之竹，又将此地称为“笛里”。

弘历皇帝在清乾隆十六年（1751）下江南时，曾临柯桥，舟过此地，在柯亭诗兴大发，当即挥毫泼墨，题留诗篇云：“陈留精博物，椽竹得奇遭。昔已思边让，今兼传伏滔。琴同识焦爨，剑比出洪涛。汉史无能续，千秋恨董逃。”（此诗载于乾隆《绍兴府志》卷首）。

千年的时间流转，柯桥镇内石桥相通、街道纵横。古老的京杭大运河从镇中川流而过，乌篷摇曳，流水潺潺。而柯笛亭也历经沧桑变化，它在明月晚风里古韵流长，在蔡邕的一声声笛声中消散了人生不平、困顿忧烦。

文正清白亭

清白亭位于绍兴市区府山公园南麓岩壁。清白亭的井水是由北宋著名政治家、文学家范仲淹在宝元二年（1039）任越州知府时发现的。

有一天，天气晴朗，范仲淹命令衙役清除杂草，没想到在山岩中竟然发现了一口废弃的水井。他很惊喜，立刻喊来工匠清理出井中的淤泥，观察这口井的好坏。工匠勘察一番后说："这是个难得的好泉啊！"

范仲淹听了非常高兴，他先把井暂时封起来，让水中杂质沉淀了三天，然后才命人取水。井水果然如工匠所说，清澈而纯净，味道也十分甘甜。这口井不仅水质好，而且水源充沛，水深至少有一丈多，好像怎么也用不完。果然是口难得的好井！更神奇的是，这口井里的水，酷暑的时候饮用，就像品尝白雪薄冰，冰冷爽口；而在寒冬时节，遇上有太阳的日子，这口井里的水又变得如同阳春三月，一片温热。

"水生于天落于秋，妙与万物为终始。"这井中的泉水或许是云起蒸腾、雨水降落而成，所以上下醇厚，浑然一体，仿佛与山泽的泉水相流相通。

范仲淹得到了这口井开心极了。他邀请了很多周围的朋友前来做客，并且用这口井里的水来泡日铸、卧龙、云门等地的名茶，招待好友。用这口井水所泡的茶甘甜滋润，品尝之后，让人心旷神怡。客人们都对这口井的井水赞不绝口。

范仲淹喜爱这口井的井水甘美、取之不尽，赞赏它的清白和有德义，遂给它取名为“清白”，借以表明自己“清白而有德义，为官师之规”的从政之道。他在井上构筑“清白亭”，并将住处的凉堂命名为“清白堂”，还专门写了一篇《清白堂记》来明志和纪念。

秋瑾风雨亭

风雨亭位于浙江省绍兴市府山西南峰，可俯瞰当年拘押秋瑾的典史署。亭为八角攒尖顶，四周种了很多花木，苍重翠叠、郁郁葱葱。亭子的名字取于秋瑾的名句“秋风秋雨愁煞人”，向世人传达着“鉴湖女侠”秋瑾的动人故事与精神气节。

秋瑾从小聪慧机敏，喜欢穿男装，并且擅长骑射。她七岁时就跟哥哥们在家塾里读书，几年之间读破了数卷经史，写得一手好诗词。十九岁时，秋瑾的父亲到湘赣做官，在父亲的压力下，她不情愿地嫁给了当地大官僚的儿子王廷钧。不久，王廷钧花钱买了个官职，秋瑾跟随丈夫进京。

那个年代，女子只要遵守三从四德，做好家庭主妇就行了。但是秋瑾为了改变国家的危难处境和实现心中男女平等的愿望，独自去日本留学，并和留日女学生陈撷芬组织发起了中国最早的妇女团体“共爱会”，后经徐锡麟介绍加入了光复会。

1907 年，她回到家乡绍兴主持大通学堂，当时湘赣工人们正在策划起事，声势浩大，为求得社会正义而奔走呼号。秋瑾一听大受鼓舞，决定负责策划武装起义，以响应湘赣工人。秋瑾回到绍兴后连日奔波，购进大量武器，部署各项工作，决定要尽快训练一支光复军。她决定为了四万万同胞的平等自由，甘愿洒热血、抛头颅，至死不变。

起义的日子越来越近，秋瑾的工作也越来越紧张，她辗转四处检查起义工作。没想到这时当地腐败愚昧的巡抚收到了一封电报，电报揭发了秋瑾是徐锡麟同党，他便下令要立刻捉拿秋瑾。与此同时，秋瑾也得到了好友徐锡麟和陈伯平英勇牺牲的消息，她失神地站着，眼泪滚滚而下。她沉思片刻，提起笔，写下了"秋风秋雨愁煞人"七个大字，拿起手枪冲上前去。

她目别祖国蓝天，慷慨就义，年仅 31 岁。她以一腔热血，试图唤醒沉睡中的中华民族。在风雨亭两边的柱子上，刻有伟大的革命先行者孙中山挽女侠的对联：“江户矢丹忱，感君首赞同盟会。轩亭洒碧血，愧我今招侠女魂。”

风雨亭八柱鼎立，肃然于树木苍翠中，几经修葺，于风雨晦暝之中不摧，欲盘旋欲翱翔，凌然挺立的背后是女侠洒热血化碧涛的炽热之心。

范蠡爱钓鱼

很久以前，浙江绍兴有一座陶朱公钓台，台下有一口池塘。小渔村就在这里，包围着这个池塘。这口池塘很神奇，只有在冬天，人们才能捕捞到鲜嫩肥美的大鱼。

勾践灭吴之后，范蠡不顾越王的阻挠威胁，执意辞去官职，去过闲云野鹤般的生活。

他隐姓埋名只身一人来到一个小渔村，这里风景如画，一大片桃林将小渔村包围其中。据说当年姜太公也在这里钓过鱼呢！范蠡走进小渔村，发现这里阡陌交通、鸡犬相闻，村民安居乐业、其乐融融。

范蠡来这里的目的很简单，他本就是个很喜欢钓鱼的人，之前忙于战事，不能把太多的时间和精力放在这上面。现如今战争结束，天下太平，正是钓鱼的好时候，而村子里恰好有一个神奇的池塘。

范蠡自然也听说过小池塘的传闻，但他不相信，他觉得冬天能够捕捞到鱼，那么别的季节就一定也可以钓到鱼。

范蠡带着越王赏给自己的钱物来到这座小村庄，除了小部分的钱用来雇请当地的村民帮自己造了一栋古朴典雅的小木屋，置办了一些生活必需品外，其余很大一部分的钱都用来购买钓鱼有关的商品。鱼竿，是用上千年桃树的内芯做成的；鱼钩，是用最好的金刚铁锻造而成的；钓鱼线，是用当地质地最好的冰蚕丝做成的；鱼饵，更是范蠡每天起早到集市上购买的最贵的。

带着这些东西，范蠡信心满满地来到池塘边上，坐在陶朱公钓台上开始钓起鱼来。

正值深秋，纵有艳阳高照，却也是寒气逼人。没过多久，鱼竿微微动了动，依照范蠡以前的钓鱼经验，他等了等，果不其然，很快，鱼竿剧烈地颤动。范蠡抓住时机，一把把鱼竿往上甩，甩出来的，却只有空荡荡的鱼钩。范蠡有一点点失望，不过他很快调整好自己的心态。钓鱼嘛，总是这样，要有很强的耐心和信心。

这次，范蠡在陶朱公钓台上换了一个位置钓鱼。离水面更近，范蠡可以把水下的情况看得很清楚，他串好鱼饵，将其甩入水中。不到两分钟，鱼钩又稍稍地动了动，范蠡在等待时机了，但是后来鱼钩却再也没有动一动。范蠡有一点奇怪了，他把鱼钩拿上来一看，上面的鱼饵也被吃掉了。范蠡没办法，只能安慰自己，给自己鼓气。但是这一天，一无所获。

不仅是这一天，接下来连续一个月都是这样。范蠡用最好的渔具、鱼饵，却钓不到一条鱼，他非常失望。

到了寒冬的清晨，范蠡正在犹豫今天要不要去钓鱼的时候，他遇见了小渔村的村长。村长行色匆匆向前走。范蠡下意识地问了一句："村长，是有什么事情吗？"

"村子里一年一度的冬捕开始了，我要去帮帮忙。"说完就继续往前走了。

范蠡心下暗自奇怪，也跟着村长一同去了。

池塘边上，大家撒网捕鱼，落座垂钓，下河捞鱼……各种各样的捕鱼方式，都捕到了鱼。范蠡抱着最后试一试的心态，回家把自己的渔具拿上，和大家一起钓鱼。

不出一刻钟，范蠡就钓到了好几条鱼。他不由得感叹道："这真是一个有魔力的池塘，怪哉怪哉。"

如今那口神奇的池塘和陶朱公钓台早已不见了踪迹，这个故事却在人们口耳相传中保留了下来，流传至今。

结缘升仙台

相传在很久以前，在浙江绍兴的宛委山里有一座苗龙升仙台，当地人又称降仙台。很多修道的人都在此得道升仙。得道升仙自然要经过许许多多的磨难，当地的很多老人家都说，与升仙所受的磨难相比，八十一难也不过如此。

在宛委山的深处有一座小村庄，名字叫作苗龙村。由于地处大山深处交通不便，政府对苗龙村的管辖比较少。政府管辖较少当然不意味着苗龙村里一片安然，村里的一户富贵人家——王地主家，就对苗龙村村民的安居乐业造成了很大的威胁。

王地主利用自己的权势，将村民们手中绝大部分可种植的土地占为己有。村民们为了生存，不得不向王地主租下原本属于自己的土地，王地主就趁机收取高额的租金。年轻力壮的大明也是其中的一个租户。

王地主有一个女儿，名阿珠，貌美如花，才华横溢，双十的年华，正值婚配。王地主对这个女儿也是喜爱有加，想为她寻得一名出色的夫婿。斟酌了许久，王地主决定把女儿嫁给山那边的张公子。那张公子呀，家境优渥，又长得俊朗不凡，为人也是十分的忠诚可靠，王地主对他满意极了，不时地向张公子表达想招他为婿的意愿。张公子对王地主的女儿自是喜欢的，不久就带着彩礼向王地主提亲，王地主满口答应，而他的女儿对此事却是全然不知。

晚上吃饭的时候，王地主对女儿说起了这件事情：“阿珠啊，爹专门为你寻了一户好人家。”

阿珠心里一愣：“爹，这是什么时候的事情。”

“上午张公子来提亲，爹已经答应他了。”

阿珠“咻”的一下站起来：“爹，你怎么都不和我商量一下，哪个张公子，我见过他吗？”

“阿珠，你放心，张公子长相俊朗，为人也是厚道忠诚，爹已经替你考察过他了。”

“但是爹爹，我已经有喜欢的人了。”

“哦，是谁？”王地主若有所思地问道。

“就是大明。”阿珠羞涩地说。

“哪个大明？”王地主问道。小厮连忙走上前来对着王地主的耳朵解释了一番。王地主一听是租户，马上说：“阿珠，你喜欢谁我不管，但是你必须嫁给张公子。”阿珠愣住了：“为什么，爹，女儿喜欢的是大明。”

王地主觉得那个穷租户给不了女儿幸福，就尽快定了婚期，希望她和张公子早日成婚，了却自己的心事，并命下人把小姐带回房间，成亲之前不许她出来。

成亲之前，阿珠在贴身丫鬟的帮助下逃了出来。她一路狂奔到大明家，告诉了大明事情的前因后果。大明知道之后也很是伤心气愤，想着办法。大明说：“要不我们就去升仙台吧，既然在这世间我们不能在一起，那成仙之后我们便可以长相厮守，生生世世不再分离。”

于是，他们来到升仙台上，等待接受成仙的磨难。

不一会儿，王地主带着小厮找到了这里，他也是知道升仙台的故事的。王地主不忍女儿离去，不由得向女儿妥协：“阿珠啊，爹答应你，不逼你和张公子成亲了，也答应你和大明的婚事，你快回来吧。”

“爹，我还有一件事，我希望您能把土地还给租户们，可以吗？”

纵有万般不愿，王地主还是答应了她。从此，大明和阿珠过上了幸福快乐的日子，苗龙村的村民们也都过上了美满富足的生活。

今天，我们再也找不到升仙台和苗龙村的遗迹了，但这个美好的双十年华的故事一直流传至今。

寇准灵女台

相传在很久以前，浙江绍兴城区的东南方有一座山，山上有一块很大的石头，石头的周围都刻上了女像，被当时的人称作灵女台，台下有一座仙姑庙，香火

兴旺。

据说在灵女台上求雨是有求必应，但条件是要带着绝对的信念，所求者必须是胸怀天下、心胸宽广之人。

宋大中祥符二年（1009），极端天气频现。春天春旱严重，整个春天没有下过一滴雨；夏天夏旱来临，整个夏天艳阳高照，只是“装模作样”地来了几次毛毛雨；秋天更是秋高气爽，露水都不曾有过很多；冬天，大风黄沙，就是不见往年的雨雪。

宋大中祥符三年开始雨水清明，风和日丽，人们满心欢喜地期待着好收成。然而现实却给了人们沉重的一击——还是好几个月没有下雨。

触目所及，尽是骄阳、枯草、大旱。

灵女台前，每天都有许许多多的人满怀期望，前来求雨，但无一例外都是无功而返。

六月了，这是农作物最需要雨水的一个月，然而雨水没有准时到来，却提前招来了不速之客。宋真宗赵恒下令将今年的税收日期提前，再过三日，就是百姓交租的日子了。

久旱无雨，百姓颗粒无收，温饱问题都难以解决，更不要说交赋税了。但是前方战事吃紧，军队的粮草也不够了。人们万般无奈，也只能等待上天的安排了。

一天，在外视察的朝廷官员寇准来到这里。他发现这里的土地因为缺少雨水的灌溉裂开了一道一道的口子，大树因为缺水枝叶泛黄，庄稼因为缺水停止了生长。当地的百姓因为缺水缺粮食而口干舌燥、面黄肌瘦。看到这些，寇准很难受。

早些年，他也听说过灵女台，知道灵女台求雨很准，于是寇准决定亲自登台为百姓求雨。他的下属们有些担心，劝阻道：“大人，您为百姓着想的心大家都知道，但是您年事已高，又是大病初愈，为了您的身体着想，还望您三思而后行啊。”

“我自己的身体状况我很清楚。求雨自然是没问题的。看到百姓受苦，我实在是于心不忍啊！身为朝廷命官，就必须要帮百姓做一点事，求雨，是我分内的事，你们不必多说了，我心意已决。”

“既然如此，那下官们愿意陪您一起前往。多一个人还能多一份力量。”

“那好，事不宜迟，趁着天色尚早我们立即动身吧。”

寇准和他的侍从立即前往灵女台，还好地势比较平缓，寇准他们没花多大的力气就来到灵女台上。面朝太阳的方向，寇准带头跪下，虔诚地向上苍祈求着雨水的降临。没过多久，狂风大作，乌云四起，大风怒卷着黄沙，一看就是大雨将至的画面。

人们开心极了，纷纷从家里跑出来，感受着这久违的天气。不一会儿，大雨果然下下来了。大人小孩在大雨里嬉笑着、玩闹着。

如今，灵女台已经消失在历史的长河中，但是当初灵女台下的仙姑庙仍然保存着，现已改名为圣姑殿，保佑着绍兴这一片土地的平安！

文种招贤馆

招贤馆原设在卧龙山的东南角，文种亲自负责修建，为越国引进各类人才做出过重大贡献。

吴越两国经过数十年拉锯式的战争，

越国的青壮年已死伤过半，在田里劳作的都是孤老寡妇和儿童。越王勾践从吴国为奴回来，看到满目疮痍的家国，真是痛心疾首，于是与文种、范蠡等大夫一起商议发展生产、振兴国家的方略。范蠡说，振兴国家，关键靠人，眼下越国最缺乏的是劳动力，当务之急是引进人才，只要是有一技之长的人才，都要引进。

勾践说这个主意好，就把具体工作交给了文种负责，包括设招贤馆和具体开展人才引进的工作。

于是，文种着手修建招贤馆，先是踏勘地址。他觉得设在卧龙山的东南角比较便利，山的南面是越王宫殿，山的东面是各类工匠作坊。文种把自己的设想禀报给越王勾践，勾践非常赞同，立即下旨。

马上，工匠们不分日夜地干了起来。不到半年时间，招贤馆就建起来了，模样像个规模较大的茶馆，外面是喝茶、纵论天下风云的场所，里面才是真正的招贤馆，可以提供食宿。

招贤馆建成后，文种就派人到中原各国去张贴招贤启事，谋士高手、文武将才、技师工匠、农桑牧渔，只要是有一技之长的，均在诚招之列，可供妻子、房子，还可免税三年。

中原各国，尤其是那些穷小国家，那些娶不起妻室的穷光蛋们，看到越国的招贤启事，便跃跃欲试地陆续奔赴越国应招。经过面试答辩或者现场操作演示，第一批共二十八位人才被录取。

消息一出，招贤馆门口来了很多年轻的寡妇和大姑娘，她们愿意相个远道而来的人才，做自己的相公。

招贤馆就这样招了一批又一批人才。

从此以后，招贤馆的名声越来越大，中原各国有一技之长的穷光棍们，为了生活，为了女人，千里迢迢来到越国。他们带来了中原各国各类先进的生产技术和手艺，有的甚至背着一袋五谷良种而来，使越国的农、桑、渔、牧和各类手工业生产得到较快发展，经济也很快恢复了元气。越国实力不断增强，为后来灭吴雪耻奠定了基础。

定风大善塔

“大善塔，塔顶尖，尖如笔，笔扫九州万国。”这里讲到的大善塔位于绍兴城市广场，始建于南朝梁天监三年（504），根据历史记载，已经有一千五百多年的历

史了。南朝梁武帝萧衍喜欢建造寺庙，南朝有名的四百多座寺庙都是他建设的，他是最有佛性的一位皇帝了。

今塔为明代建筑，高四十米，六角七层，砖木混合楼阁式；塔顶为圆形大藻井，其上用铸铁覆钵盖顶，重约五千斤；缘梯登高，可鸟瞰绍兴古城全景。清咸丰年间，塔刹、腰檐、楼阁均毁于兵燹，塔身犹存，为省级文物保护单位。

大善塔沧桑古朴，但更能吸引我们的是关于大善塔的传说。

相传，在绍兴水澄桥有个年糕店，每夜舀好年糕后，店主会用筅帚扫一扫。其中店里有一把用破的大筅帚被忘在店堂的隔板上，不知道已经有多少个年头了。

后来，有个人过来买年糕，看到这把破筅帚，大喜，出了五两银子要求买走，先付了二两定金，回家取剩下的银子去了。店主非常惊奇，觉得一把破笼帚还有人要买，就拿下来清洗干净，打算卖掉。

要买笼帚的那人回来一看，笼帚洗得太干净了，就不要了。原来，因为笼帚时间久了，有一只大蜘蛛从大善塔顶扯一条丝线到笼帚里来过夜，蜘蛛肚子里有颗定风珠。现在，笼帚洗干净了，那根丝线扯断了，蜘蛛就不会来过夜了，此后，定风珠就安家在了大善塔顶，再也不下来了。

相传这颗定风珠大若龙眼，有定风的功力。自从有了这大善塔，龙风（台风、飓风）就没有入过绍兴城，即便来了，也会绕道而行。大善塔饱经风霜，稳如泰山，一动不动地守护着这座千年古城。

什么时候有空，请一定来绍兴爬爬大善塔，观观古城景，顺便看看塔顶大蜘蛛肚子里的定风珠，是否在阳光下闪闪发光。

至孝芝泉亭

在诸暨赵家镇枫谷公路的花园岭路段上，靠右侧有一座“介”字状石亭，亭子名唤芝泉亭。它位于小径深处，别看亭子不起眼，在这小小的石亭中还隐藏着一个

看似平凡却又惊心动魄的孝子故事。孝子故事作为一种文化融于这小小石亭，成为历代善民化俗的活教材。

相传在唐贞观年间，一个叫张钦若的村民荣登进士榜后，官至凤翔府尹兼管军将军。张钦若逝世后，按照当时的礼制，已在朝廷做官的儿子张万和必须回祖籍为父亲守制二十七个月，称为“丁忧”。

前途一片光明的张万和丝毫不贪恋官场权贵，毅然辞官回家为父守孝。他和弟弟张万程在墓旁结庐守护坟墓，昼夜悲泣。虽然孝期已过，但他二人仍与之前无差。终于，他们的孝心感动了天地，墓前竟然生出九茎灵芝，墓侧涌出如醴甘泉。一时之间，乡人为之惊叹。

神龙年间，朝廷下诏举荐孝廉之士，张万和仍然推辞不去赴任，继续为父亲守墓。他终身守墓长达二十余年。二十几年如一日，此心不可谓不诚。张万和去世后，葬于父亲张钦若的旁边。他的儿子张孝祥以自己的父亲为榜样，放弃官途，也为他守墓二十余年。而这期间，墓前再次生出了灵芝，涌出了醴泉。

天宝五年（746），张孝穉将父亲与弟弟的孝行上报给朝廷，遂下诏旌其里为孝感，地曰庐墓。孝祥的小儿子张憬也效仿他的祖父和父亲，为孝义守墓十九年。张家的孝义感天动地，故“芝草生，甘泉出”，人们称其为“一门三孝”。

宋开庆己未年（1259）十二月，张万和十二世孙张佺建亭于墓前庐侧醴泉之上。恰逢张佺之子张淇担任嘉兴府通判，他邀请赵与侑、曾文坚、潘文虎等人共同临观芝泉的旧迹。赵与侑被张家一门三孝的故事所感动，题写了“芝泉亭”额；潘文虎将游览的时日刻于亭东的二十五步处，并作了《芝泉亭记》。

芝泉亭的历史是厚重的，四根石柱支撑着的不仅仅是惊天地、泣鬼神的守墓往事，更是中华文化重要的一部分——孝文化。

元代文学家杨维桢听闻这段故事，在凭吊芝泉旧迹后，为之动容，作诗曰："白云深处冢累累，两世真能继孝思。负土成封分马鬣，旌门飞诏下龙墀。庐前柏叶含烟惨，原下泉声带雨悲。我亦怀亲哀欲陨，昔人徒废蓼莪诗。"

惩恶天元塔

杨家楼天元塔

在诸暨杨家楼村的东北角田畈之中，有一座塔，叫天元塔，又名“杨家楼塔”。天元塔建于明万历年间，距今约有四百年历史。天元塔六角七层，塔身菱角牙子叠涩出檐，檐角悬系塔铃；沿着塔中梯子登临而上，四面眺望，田野村庄、青山绿岙，一目尽收。

此塔为诸暨杨肇泰出资所建，这和他在安徽省安庆府担任知府的一个经历有关。

据说他在安徽任职期间，心怀百姓，勤于政务。一天，他翻阅前任留下的案卷，案卷中记载当地有一座白塔寺，前往白塔寺拜佛进香的年轻女子经常失踪。当地有种说法，此事是白塔寺中的恶僧所为，他们在寺中暗设机关，为的是把这些女子关入密室，以供他们作乐。

杨肇泰得知在白塔寺竟然可能有这种恶行，不免替百姓忧心。于是，他做好一番准备后便亲自微服查访白塔寺。那天，寂静的白塔寺空无一人，杨肇泰边摸索寺中地形边找寻寺中可能关闭女子的地方。谁料，只听“砰”的一声，他竟无意中触动了大柱上暗设的机关。那机关十分精巧，一下子就把他困住，让他进退不得。

寺中和尚察觉机关变动，前来查看，见竟然有人发现了机关所在。那和尚本就做贼心虚，想到自己曾用此机关设计残害女子，如今又有人前来试探。他害怕眼前这个被困住的人败露自己做的丑事，于是一不做二不休，将杨肇泰也关进密室，并准备在夜半时分将他灭口。

杨肇泰本想查清事实为百姓解难，却意外深陷于密室之中。密室中阴暗封闭，唯一的出路也被恶僧封住。他想，难道我今夜就要命丧这恶僧之手？难道百姓还要再受这恶僧的欺负，而那恶僧做了恶事却能逍遥法外？他愤怒，他不甘，他心急如焚，却只能对着困住他的屋子无计可施。

谁知天无绝人之路，当天夜里，雷雨交加，倏然一声天雷击破了白塔寺，昏暗的塔内透进月光。杨肇泰在一片绝望中豁然见到生机，就没有惊动和尚，悄悄顺着被劈开的密室，爬上屋顶逃出了恶僧的囚禁。

他回到衙门后，立即派兵包围白塔寺，惩办了这些恶僧，为当地百姓除了一害。杨肇泰在安庆为官六年，后因病回到杨家楼。他在家乡积谷备荒，一面支援反清义士，一面赈穷济贫、造福乡亲，受到各村百姓的传颂。同时他为了报答苍天的救命之恩，在返回诸暨之后，捐资建塔，题名“天元”以作纪念。

几百年来，天元塔成了杨家楼人的骄傲。从这里走出去的文人武将、商贾墨客在背井离乡之前，都会登上塔顶，许下一个心愿。天元塔的存在，既是对祖先的敬仰，更是对正义的追求。

东化城寺塔

东化城寺塔在诸暨枫桥镇，建于北宋元祐七年（1092），故亦称“元祐塔”，至今有千年历史，是诸暨境内现存最早的古塔。全塔纯砖结构，呈四方形，工艺高

超，造型别致，国内罕见。

东化城寺塔塔身原先有七级，因塔势孤高曾遭雷击，现仅存四层。四面各层均留壶门；底面呈四方形，塔内四角束腰处均有砖砌斗拱装饰，造型古朴别致。

南宋初年，东化城寺殿宇雄伟，僧众数百，寺与塔均声名远播。金兵进犯江南时，宋高宗赵构曾逃难到越州。因他早已听闻东化城寺的盛名，又得知寺就在附近不远处，故特地前往寺内进香参拜。

东化城寺内的和尚听说有人前来虔心参拜，热情地接待了他。宋高宗也有礼有节，赞美了东化城寺的美景和寺内僧人的美好品德。正在他们交谈甚欢时，忽有一个小兵急忙报告："情势危急，还请陛下尽快转移。"原来金兵听闻宋高宗的所在，已经追赶而来。

寺中和尚得知实况，决定团结一致，共同帮助宋高宗渡过难关。寺外金兵的脚步越来越近，眼看就要拦不住了。寺内众僧在情形危难之际，想到的不是自身安危，而是刚认识的友人。他们先是将宋高宗藏于寺后的岩缝中，然后随即拿起手边可防身的武器，拼死同金兵展开血战。

然而平日吃斋念佛的僧人哪是训练有素的金兵的对手，没多久死伤一片。金兵趁机对处于败势的僧人进行逼问，但僧人竟无一人泄密。在一片刀光血影之中，金兵还是不见宋高宗身影。他们恼羞成怒，气急之下竟将东化城寺放火烧毁。熊熊大火烧了很久，寺中宝贵的藏书、佛像就这样消失在一场愤怒里。

极负盛名的东化城寺美景也凋敝在人们记忆中，只留寺后山顶孤高卓立的古塔和当年宋高宗藏身处的岩石缝边所刻的“藏龙”两字。

人事有代谢，往来成古今。历史如烟雨般消融于塔中，如今的东化城寺塔已成为紫微山公园的一道景观。它屹立于紫薇山巅，默默地述说这块热土的人事变迁、春夏秋冬……

艮塔降恶僧

艮塔，又名“娄家荡塔”，建于明朝万历十三年（1585），至今已有五百多年的历史。艮塔坐落于诸暨城区北面暨阳桥下方的艮塔公园。艮塔各层用菱角牙子叠涩出腰檐，檐有生起，翼角微翘。登临艮塔，低眉俯视，可见花树环绕和田野居民。

据民间相传，很久以前，在娄家荡一带，常有绿衣童子现形，所以建有绿衣庵。娄家荡西侧不远处有一小山，名月山。月山中有智度寺，因“智度”与“猪肚”相近，百姓便把它讹传为“猪肚寺”。智度寺中有些和尚不仅不守清规戒律，还时常装神弄鬼、横行霸道。百姓们经常被这些和尚愚弄，因此怨声载道，对他们恨之入骨。

受尽愚弄的百姓无奈之下，求助县令谢舆。“县太爷，猪肚寺里的恶僧平时作恶多端，您可一定要想想办法，帮帮我们啊！”县令得知百姓的诉求，查明了事实后，决心为百姓解决这一棘手问题。他用尽了各种办法，但是没想到那些恶僧十分狡猾，种种措施都无济于事。

县令为此事急得焦头烂额。这时，有人向他提议："县太爷，要不请教一下风水先生，他的办法或许有效果呢？"县令思考片刻，觉得于民有利的事情都要尝试一番。于是，他请来一位风水先生。风水先生察看现场后献上一计："正所谓邪不压正，若要降服这批恶僧，须在智度寺东面建造一座塔。东方日出，阳光照射宝塔时，使塔影投向智度寺。塔影如一柄利'剑'，直戳'猪肚'，这样便可破智度寺的风水，消消这批恶僧的嚣张气焰。"于是县令立即造起了艮塔，果然艮塔建起不久，智度寺便败落了。

虽然人们采取的方法各有不同，但是他们不畏邪恶的心却紧紧交织。如今艮塔气势雄伟，外壁白净，轮廓明快清晰，远望玲珑、纤巧，近视巍巍、庄严，华盖般的塔尖仍直接蓝天。

如今，绿衣庵部分建筑已经开辟为艮塔公园，成为市民休闲的一处园林。园外曲水弯绕，园内花木织锦、绿草铺茵，景色十分迷人。艮塔则纯净如雪，如一把正义之剑，屹立于天地之间。

仁义望烟楼

诸暨望烟楼图史丰富，四面开窗，登临其上可以尽览山川风物之美。它是宋朝卫尉少卿黄振所筑，也是黄家的藏书楼。

黄振家境殷实，自幼聪明过人，喜爱

书籍。他经常派人四处寻访书籍，对于善本、孤本，更是一掷千金，毫不吝啬。他苦心孤诣，终于如愿以偿地建起了一座颇具规模的书楼。黄振的书楼最是与众不同：不是藏书，而是借书；不是有偿借阅，而是免费开放；不但免费开放，而且招待寒门学子饭食。

如此义举，消息不胫而走，三衢的刘仲章来了，钱塘的叶之奇和齐塘也来了。他们以书会友，黄家台门从此笑声不绝。

有一年，他们齐齐约定，元宵佳节来诸暨一聚。黄振闻讯，喜不自胜，早早做了准备。将近中午，第一位到的是刘仲章，他却并没穿他平日常穿的长衫。原来，他在路上见一老者衣衫单薄，心中不忍，便用自己的外套救了急。黄振听了，不禁一阵唏嘘。

刘仲章前脚进门，叶之奇和齐塘随后就到。两人一进门就大声嚷嚷，肚子饿瘪了，快给弄点吃的。原来，两位一路遇到好几拨逃荒饥饿的人群，将盘缠一次次送人，最后连自己吃饭也成了问题。

摆好酒席，黄振默坐一旁，闷闷不乐。三人开玩笑说：“黄兄如此愁眉不展，好像不大欢迎我们？”黄振连忙起立说道：“海涵海涵，千万不要误会。三位兄台不辞辛劳，风尘仆仆赶赴寒舍，已经给了我太大的面子，只是我对不起诸位呀。”

大家如坠云里雾里：“黄兄此话从何说起？要是没有黄兄当年的接济厚爱，何来我等今天？”

黄振再次打躬作揖：“俗话说，锦上添花易，雪中送炭难。想我黄振家有薄资，而四邻却有衣不遮体、食不果腹者，害得诸位解衣散财，岂非黄某无能？”黄振一出此话，三位才子竟然一时无以应对。

数天后，三位好友先后辞别，黄振依然郁郁寡欢。最终，黄振与夫人计议，即使自己倾家荡产，也要让乡亲们有口饭吃。

可是这里是山区，东一家西一户住得很散，如何才晓得谁家缺粮呢？总不能挨家挨户去问吧。想呀想，有了，藏书楼地势高，每天烧饭的时候，只要有人到上面一看，烟囱不冒烟的人家肯定没米了，马上送去，不就行了？

从那以后，一天三次都有人去楼上观察。黄振自己有空就自己去，自己没空就叫别人去，天天如此，从不间断。只要有一个烟囱不冒烟，就立刻送去吃的。如果了解到哪家缺衣少被，黄振也派人一一送上，不准遗漏一家一户。于是方圆数里，再也没人受冻挨饿了。乡亲们对黄振感激不尽，称义庄为“仁寿庄”，称这间专门观察烟囱的小楼作“望烟楼”。

望烟楼凝聚着黄振望烟义举的仁义之心。它不仅是黄家扶贫济困的高尚家风的吐露，也是中华民族择善而为优秀传统的展现。北宋著名哲学家、工部侍郎、龙图阁直学士杨时与望烟楼的黄氏族人是好友，他登临望烟楼，感动于望烟义举，撰写了《望烟楼记》来赞扬和纪念。

勉励聚星塔

聚星塔，位于新昌街亭镇新胜片许村琴山上，故又名“琴山塔”，建于明朝万历年间。

据《国朝三修诸暨县志》书中记

载：此地多许姓，为晋代许询后裔。万历年间，许飞熊迁居诸暨永兴里（今许村板桥一带），在琴山下筑永兴庵，亦称永聚庵；在琴山上造塔，取名"聚星塔"。之所以名"聚星"是为勉励许氏子孙，希望许氏望族能像天上的星星一样分布在人间各处，散是满天星。但要聚集众星，紧密团结，才能使民族大业永久太平，民众生活永久安康。

聚星塔系砖木结构楼阁式塔，六角五级。共五层，全塔通高 30 余米，不施斗拱。塔建之精密细致，今人难以想象。但正是先人严谨的建筑工艺，才铸就了今日的聚星之塔。

聚星塔的传世，源于许氏一族，而许氏先祖许询为许氏一族的兴旺做出了莫大的功劳。

许询，字玄度，寓居会稽（今浙江绍兴）。许询总角秀惠，众称神童，长而风情简素，有才藻，善属文，时人士皆钦慕仰爱之，与孙绰并称为一时文宗。好游山水，体便登涉，故时人云：“询非徒有胜情，实有济胜之具。”司马昱称其“妙绝时人”。著有文集三卷，《隋书·经籍志》《两唐书·经籍志》传于世。

“良工眇芳林，妙思触物骋。篾疑秋蝉翼，团取望舒景。”出自许询的诗《竹扇诗》，竹扇掀起抚下之间，许询超然的风度也就牵引出来了。

当时，许询盛名天下，除了他的才情超于常人之外，他视权势为粪土的高尚品格也为百姓所称颂。许询出身世家，才华超群，在“上品无寒门，下品无世族”的时代，要做官轻而易举，也顺理成章，但他出奇地不想做官：寓居会稽，司徒蔡谟辟，不起。中宗闻而征为议郎，辞不就职。遂托迹，居永兴。许询为了摆脱做官，迁居永兴，可是到了永兴，还是要他做官：王中郎（王坦之）举之为吏部郎。肃宗（晋明帝）连征司徒掾，许询没有办法，于是决心隐居：乃策杖披裘，隐于永兴西山。凭树构堂，萧然自致。至今此地，名叫萧山。遂舍永兴、山阴二宅为寺。家财珍宝，悉皆是给。既成，启奏。孝宗（晋穆帝）诏曰："山阴旧宅，为祇园寺。永兴新宅，为崇化寺。"

这样一来，皇帝也知道他为了隐居，连住宅家产都不要了，可见去意坚决，从此就再也不来征召他了。

在封建时代，像许询这样连皇帝征召都不肯出仕的人被崇为高尚，号称征君或征士，受人景仰。许询的名气更大了。

后许氏一族迁至新昌，建聚星塔，皆是为了继承许询之愿，专心致学，少涉官场，以聚星聚许氏子孙，使之闪烁在中华大地。

诗意濯缨亭

旧时为纪念朱熹先生多次至新昌，于新昌祥棠村存“朱子著书楼”，后又于新昌名地大佛寺建纪念朱熹到南明的濯缨亭。濯缨亭原是大佛寺中数十楼宇中的渺

渺一处，但正由于朱子的理学诗意色彩让此地焕发出跨越百年的光芒。

朱熹，字元晦，号晦庵，世称朱文公。朱熹是唯一非孔子亲传弟子而享祀孔庙的，位列大成殿十二哲者中，受儒教祭祀。其少年中进士入官，做官刚正不阿，多地游学交友，寻孔子儒家之源，故与新昌交缘。

提起朱熹与新昌的缘分，就不得不提一人——石𡼖。石𡼖比朱熹大两岁，生于 1128 年，字子重，号克斋，是浙江新昌县石待旦次子石亚之之后，朱熹和石𡼖交好其实也是有由头的。石𡼖从小读书就十分用功，十八岁中进士，与朱熹入官时分相当。绍兴二十三年（1153），朱熹授同安主簿，与石𡼖同官而相识，二人一见如故，成为好友，常相互切磋学问。

而使两人感情更甚的缘由，便要说到石敦辞官后重回新昌讲学的故事。石敦同安任期满后，因阻止郡守用公款建私宅，触怒郡守。石敦不肯向权贵屈服，请求免职。当时南方理学大盛，产生了各个学派，石敦和朱熹学术观点相同，常有书信往来。石敦曾祖在新昌建有石鼓书堂，石敦辞官后便回此讲学，传诵理学，并编写《中庸集解》。朱熹听闻此事，兴致大起，立即传来书信："石兄今日之举，是为文坛之福际，原为君。"石敦回信道谢。后书成，朱熹为之作序。

为此书，朱熹曾多次前往新昌与石敦见面，探讨理学。《中庸集解》中有记载："熹之友会稽新昌石君敦子重乃始集而次之，合为一书，以便观览。"乾道年间，朱熹往来于新昌，在石敦的陪同下游览了水帘洞，并题了一首水帘诗："水帘幽谷我来游，拂面飞泉更醒眸。一片水帘遮洞口，何人卷得上帘钩。”石敦和诗一首：“洞口千尺挂飞流，碎玉联珠冷喷滟。万古无人能手卷，紫罗为带月为钩。”你来我往，传诗之间，在新昌天地山水之间传递着高山流水、知音难求的情谊。

据束景南考证，乾道二年，朱熹与石敦等闽中和湘学者讨论“敬”的存养功夫，成化《新昌县志》绘有朱熹和石敦的会谈图。透过图画和载文，我们可以清晰深刻地感受到南宋时期文人的诗意天地。

南宋至今已有数百年的历史，但是古人留下的精神财富依然流淌在今日的中华大地，从大佛寺的濯缨亭中矗立的朱熹像里，我们仍旧可以窥见一代儒家学问集大成者朱熹的神韵。时间不停地前进，但真正会被留下的，定是值得我们学习的千古谏言。濯缨亭——濯缨之音，向你诉衷肠诗情。

佛心古井亭

大佛寺山门前有一个广阔场地，经多年修整，再饰以花草，便落成了5000多平方米的佛心广场。此地因峭壁上刻凿的弘一法师手迹“佛”和平地上巨大的

“心”，故美名远扬。广场中立一“古井亭”，四角重檐平顶，顶部又设有藻井作天窗，其造型之奇异，结构之新颖，颇具盛誉。据佛经记载，佛祖释迦牟尼自打出生便会走路，因他向东南西北各走七步，步步生莲花，后来莲花就被引入佛教中，象征吉祥如意。古井亭自建成便被赋予“祥瑞”的寓意，人们常端坐其下，以求生活平顺。

亭子中有一方形的黑色石井栏圈，曾经喷涌着清澈净透的活水，经年流转不息，象征着新昌的佛教文化同样生生不息。亭子内还附有书法家郭仲选所书的对联：“弥勒宏姿石城现宝相，南朝瑞像古井涌灵泉。”佛教中的教义认为，在污秽的现实世界里，通过佛教的教化能使人洁净，从而达到清静脱俗的境界。而这活水便用来洗净秽泥，也洗刷掉人们生生世世被困囿的烦恼。

在唐代，李白曾云游此地，途经竹柏深幽处，窥见古井亭一隅，便坐下小憩。唯有清风拂过枝叶窸窣之声，且细细地听，井水活泛的咕噜声阵阵入耳。李白伏在井栏边向下望去，清透的水泛起一圈一圈的纹路，引得他四下寻找取水工具，欲畅饮一口。亭子边上正立着一只竹筒，细长的线缠绕在手柄处，李白一寻见，就欣喜地提桶取水。清凉的井水一下肚，李白浑身酣畅，倚在石桌边，闭上眼回味。微风、树影、古井、清水，化为满腔诗意，欲喷薄而出。

此时，日薄西山，夕阳挂在树梢头，竹柏皆染上金色的光，远处的钟声鸣响，声声震荡着胸腔。李白放眼远眺，满目皆收秀丽的风景，耳闻泉水叮咚作响，寺庙的香火气由远至近，涤荡了来路的风尘。他转身坐下，瞥见檐角立着几只鸟雀儿，叽喳着不知在唤谁，却拉远了他的思绪，回想这一路转山转水，要的不过是一个自在，却始终难以如自由的鸟儿那般不为抱负所累。一路游历也有所疲惫，就借着这古井亭停下匆匆的脚步，借着这幽静的美景放空大脑，借着佛祖的庇佑安顿心灵，此般甚好。思及此，李白在古井亭照壁作下一诗："新昌名迹寺，登览景偏幽。僧向云根老，泉从石缝流。寒钟鸣远汉，瑞相出层楼。到此看无厌，天台觉懒游。"

古井亭以其闲雅的特质吸引了古今不少文人墨客为它吟诗作赋、留下盛赞。如今，亭子在佛祖的安护下仍挺立不倒，也为来往世人提供了一个清静的休憩之地。

白龙母龙亭

小龙亭初建于元代，坐落在新昌县城关镇拔茅村北高蟠岭山顶。小龙亭歇山顶建筑，覆盆式柱础；檐梁中段为两龙戏珠，左右两端为凤凰牡丹花卉浮雕；石柱

和柱础的显著特征表明是明代建筑，但经过改修，已经不是原先的形制。通过亭内清道光丙申重修残碑，可推测出屋顶为清道光年间重修。

古时候，当地有一位叫张万银的村民，有一次，他上高蟠山打柴，回家的路上，捡到半个大蛋壳。张万银惊奇为何路上会出现如此特别的蛋壳，急忙回家和自己的妻子分享。刚踏进家门，张万银便高声喊道：“快看！快看！我捡到个稀奇玩意儿，瞧这蛋壳多大啊，是啥动物的呀？”妻子也表示不解，回答：“我也没见过这般大的蛋壳，没准儿之前是个大蛇蛋。”张万银瞧着不像，但又分辨不出是何物，就搁置在一边了。

偶然一次，妻子将米放进蛋壳，谁料转眼间，蛋壳里的米突然增多了不少。她觉得异常奇怪，于是又放入少量的米进行试验，结果米又多起来了。

妻子反复试了好几次，发现米一直在变多。她赶紧唤来张万银，神色慌张，拉着丈夫的手，压低声音道：“怎么回事？莫非是捡了个宝贝回来？”张万银一愣，不明白妻子在说些什么。妻子见他一无所知，干脆拿来了银子放入蛋壳，银子一下子也多了起来。张文银顿时目瞪口呆，说不出话来，他与妻子面面相觑，都涨红了脸。

不久后，张万银成了这一带的富户。他还建造起三座房屋，开始修筑水湖和风景点。他和妻子的日子过得也愈发滋润，在修筑的水湖中撑船喝酒，赏景游玩，不再苦于生计，过起逍遥自在的一生。张万银悉心收藏好那半个大蛋壳，深知这是自己幸福的源泉。但是在张万银过世后，他的儿孙们不知道那个龙蛋壳是这一切美好生活的法宝，将它随意丢弃。自从它被小孩的大小便玷污后，便再也不灵验了，张家也就自此衰落。

之后，那丢弃龙蛋壳的地方生出了一块巨大石板，上面印有一条翻飞的游龙。传说这只蛋壳应是白龙母所生育，具有无穷的灵力。在被张家丢弃后，幻化为此地的石板。附近的人家皆得益于此，世代过得平顺。后人便在此地建造起小龙亭，以祈求护佑这一方土地平安富硕。

小龙亭不仅拥有三楹石柱建筑，还有六间廊房，形成四合院。在 1958 年“大跃进”时期，被拆去三间用于建造拔茅大队猪场，但龙亭未被破坏。后来由于年久失修，桁椽倒塌。1997 年，在业余文保员章国华先生倡导组织下，当地群众开始捐资进行重修。经过六载，此人文古迹基本恢复了原貌。

三丰棋龙亭

三丰棋龙亭是一座清代寺庙建筑，坐落于新昌县羽林街道三丰村三透屋自然村东北。其背依浮山，山上有棋盘岩，相传为仙人对弈处；下有白龙潭瀑布，故得名

棋龙亭。整座建筑在中轴线上设建筑前后两进，两进之间有天井两侧，并各设看楼一列，屋顶为硬山式。山门七开间，前檐包檐砌筑，次间前各设拱券石库门一道，上有石制门，内雕游龙；明间后檐建戏台，戏台基本呈方形，四角木质柱子上为单檐歇山顶，八卦藻井，牛腿承托撩檐枋，飞椽出檐，为狮子捧绣球，雕刻精致。

传说，龙王的儿子因为肆无忌惮地翻江倒海，总是做出一些祸害百姓的事情，后来此地出现了一位得道高僧，他施展法术将其擒住并成功镇压。此举应是可喜可贺，但因为自己的儿子被镇压，龙王恼怒，便再也不出来降雨，引发了连年的旱灾。于是乎，高山小村一晴就旱，庄稼成片地枯死，人们叫苦不迭。可高僧已经离去，没有人能将龙王唤出来，旱灾仍在继续。过路人途经此地，也只得为其哀叹，别无他法。

一天，高山小村来了一位老者，见到如此惨状，便询问当地人为何不自寻水源。当地人答道，他们缺乏灌溉工具，况且这水源难寻，只能靠天下雨。老者听完后频频摇头，心里也叹惋。忽的，他似是想起了什么，轻拍了一下大腿，兴奋地喊道："我有一个法子！我有一个法子！没准可以试试！幼时，我家住在地势高的村落，常年发生旱情。村里人听闻龙是能带来风雨的祥物，于是，我们村花费大力气建造起一座龙亭，年年祭祀，祈求风调雨顺。你们猜怎么着，第二年便下起大雨来，全村人都疯了似的冲出家门，迎接甘霖。我们都猜是村里人合力建造龙亭且诚心拜求，感动了龙王，因此天降大雨。现下，你们也没别的法子了，或许可以建造龙亭来感动龙王，说不定就成了。"村里人听罢，纷纷点头同意，只要是个办法，都要去试试。

果不其然，时隔一年，高山小村便落起了瓢泼大雨，村里人笑着叫着，冲出家门跪拜在地，呼喊着：“有救了！有救了！”当人们再去寻那老者时，他已离去，但高山小村的人们永远记住了这位好心人。

华夏民族是龙的传人，中华大地亦为龙的故乡，龙文化广泛地渗入社会生活的方方面面。在古时候，天灾尤为可怖，人们难以凭人力去战胜大自然，所以祭祀求雨成为古人的惯例。常常一个村或几个村联合起来，共同在水边或山冈边建亭造庙以作为祭祀场所来祈求风调雨顺。建造结构稳固的龙亭，在其间雕龙刻字，饰以华美的图腾成为民间用来祈雨的惯用方法，这也彰显了中华民族的传统龙文化。三丰棋龙亭是新昌保存下来为数不多的龙文化建筑之一。

雅兴南山楼

成化《新昌县志》载：“南山村，在南十七都，王氏数家居此。”南山楼自然是其中显耀的一家，如果说第宅有辈分，那么怡山堂是父亲，南山楼则是儿子，南

山楼承袭了怡山堂的家风，以文会友、以诗助兴，"南山楼上看南山"，有酒有诗，这是何等的赏心乐事呢？

明朝时，王秉璋的长子王镇修筑南山楼。王镇，字义安，号友松，律身以礼，应物春融，乐承父志，好施不倦，恩授七品散郎。自从王镇修建了南山楼，乡村的文人雅士常在此谈诗论酒。吴江莫旦、上虞徐济、石城吕鸣、越僧一山、天童释怀让等人都用诗文相酬和。其中的莫旦，吴江人，时任新昌儒学训导，主纂成化《新昌县志》，因此和王镇交游甚密。

适逢山花烂漫，二人相约南山楼，趁春意正浓，把酒问青山。王镇博览群书，谈吐斐然，莫旦常常为他的文采和气度所折服。王镇举酒观赏，瞧着群芳争艳、莺歌燕舞的春景，心旷神怡，便对着二人说："今日风景正好，余应多唤几位文人共赏春花。"莫旦点头称是。

众文人齐聚南山楼，把酒言欢，诗情大展。王镇乘兴问道："今你我相聚南山楼，这大好时光，烂漫春景，可否题诗一二？"众人笑焉，皆开始思忖。莫旦明朗一笑，开口言曰："南山楼上看南山，山色苍苍无老颜。林鸟乱啼春昼永，野花争发片云闲。主人置酒情非浅，众客题诗兴不悭。醉后不知明月上，几回临别又忘还。"王镇拍手叫好，直言："好诗，美哉！"

尔后，其余文人的南山楼诗首句末字皆为"山"，偶句末字依次都为"颜、闲、悭、还"，各人依韵赋诗。莫旦的那首诗后来取名为《南山楼诗为以安王公赋》。

那时候，风景正好，诗情画意，适逢主人置酒、众客题诗，文人之乐恰是如此。在观赏美景的同时，与二三朋友相谈甚欢，兴来处，便诗意喷薄，你来我往，题词填诗，好不惬意。南山楼里的雅兴很浓很浓。

多年以后，王镇终老南山。在南屏王氏“元”子辈中，王镇排行第一，又称为“元一公”，他的墓在西张犀牛山，后人又称他为“西张太公”，后代在村中建奉先祠崇祀。

在当时，作为他的挚友，莫旦悲恸不已。思及此，莫旦便为他撰写墓志铭、祭文、挽诗和像赞，字里行间满溢对这位长者的怀念与敬佩。他写道：“处士自少醇厚，读书好礼，精通于史学，奉先训子，厥有成度。平局已严自处，及应事接物则煦然春温，见人之急，推财排之，里有非义者以义服之，故人无不感服。”后人读之，皆为此间真情所感动。

此后，南山楼仍然是文人墨客相聚之地，众人把酒言欢、题诗作赋，只是，每每提及故人王镇，皆是叹惋不已，但思及王镇建楼之初，他为的不过是雅兴乘风来，诗词永流传。文人的诗情和才情点缀了千百年来的历史，在一座座亭台楼阁上，留下的是值得品味的佳作和思想。南山楼能够作为其中之一，承载了无数文人墨客的雅兴，诚是一个值得游览的人文之地。

张家店更楼

张家店更楼是民国时期的建筑，始建于清代早期，坐落于新昌县梅渚镇张家店村中心十字路口。张家店更楼为木结构，共三层，底层使用了圆形木柱十二根，平

面呈“十”字状；二楼和三楼均不设楼板，四角为木柱，各柱间由纵横枋串接承重，承托其上屋面；屋面为重檐筒瓦四角攒尖顶，顶饰葫芦四层。飞椽出檐，牛腿承托撩檐枋。

相传，在张家店村一带，盗贼猖獗，尤其是丈夫外出务工，家里只有妇人的家庭常年遭受盗贼的侵害。这一带闹得最凶的属杜姓人家。杜家妇人自从丈夫去世后便一人独居，家中素来也没发生什么坏事。唯独在小年那天晚上，本该安生的家门口却响起接连的脚步声，妇人吓得缩在床角，不敢有动作。

适逢外面大雨，雷声大作，门窗也被吹得吱呀响，物件搬动的声音窸窸窣窣，妇人紧张又惊慌地捏紧被角，不知如何是好。后待脚步声消失许久后，她才蹑手蹑脚地举着灯往方才叮啷作响的地方走去。

当妇人见到家里几乎空了一半时，整个人都瘫坐在地上，哭天抢地，呼号着谁来给她做主啊。外面仍是狂风大作，早已得手的盗贼已经失去踪影，独留满室狼藉。妇人望着被撬开的门窗，懊恼地拍着心口，哭诉得尤为凄惨。

次日，她便冲到衙门口，死命地打响大鼓，同时哭诉着："我本就命苦，还遭遇这等事，该死的盗贼何时能消停啊！为何向来惨的都是我们寻常百姓家？这样下去生活怎得安宁啊！"衙门常常收到百姓诸如此类叫苦不迭的报案，却怎么也想不出更好的管理办法。官吏只得将命令传达下去，让各家各户锁好门窗，谨防盗贼。

但逢天干物燥，百姓家中不幸失火的案例层出不穷。更让人们着急的是，手段恶劣的盗贼以故意纵火来躲避行踪，衙门想查也查不真切。

针对这些事件，张家店府衙思前想后，决定建造更楼，用这个击鼓报时示警的建筑物来有效防范不良事件的发生。更楼用以守望、值更、防盗及防火报警。在古时候，府县城垣及边防哨所会在城镇四周建造比城墙及其他居民处较高的报更示警的哨楼，用来维护社会治安和防止匪敌袭扰。更楼结构坚固，底层密封或只开小窗口，二楼以上多开窗口以便眺望，也有亭阁式的较为敞开。更楼多数是方形，少数是圆形。

更楼作为物质文化遗产中的历史建筑，是历史文化村落中独特的文化符号。张家店更楼更是一方水土独特的精神创造和审美价值的体现，既是弥足珍贵的文化产品，又是不可或缺的精神象征。张家店更楼作为新昌县仅存的三座更楼之一，将中国传统文化继续传承下去。

安石远尘亭

位于嵊州长乐镇的太平村乡主庙旁，有一段从宁波通往江西的古道，弹石路旁构筑着一座古色古香的亭子。相传，宋时王安石从鄞县回江西探亲，路过此地得奇

梦，此亭因而闻名。

宋仁宗庆历年间，国势贫弱不堪、民不聊生。王安石等一批有识之士呼吁变法革新。庆历七年，年仅二十七岁的王安石任明州鄞县知县期间，体恤民情、广施仁政，深受当地群众爱戴。宋仁宗景祐二年（1035），王安石任期已满，卸职之后，便从官路返回江西抚州临川老家去。

当粼粼的车马驶过太平村前的这条古道时，精通史书的王安石被西白山别样的景致所吸引。从马车上下来后，他对着满眼的绿色，尽情吸纳着天地精华。目光游移处，便见前面有一个施茶的凉亭，系歇山式建筑，古朴而高雅，上面还书有“远尘亭”三字，颇显几分雅气。他轻吟刻在凉亭石柱上的对联，上联是“开元怜曲留人住”，下联是“长乐钟声到客先”，横批是“同我太平”。顿时，他连呼："妙！妙！"因为此联中隐藏着鼎立剡西的长乐、开元、太平三乡的乡名。

他从"长乐钟声"，想到汉代长安的长乐宫和汉武帝时的强盛，从"开元怜曲"，想到唐玄宗时的"开元盛世"，再联想到当今宋朝的内忧外患，忍不住百感交集，唏嘘不已。他走进凉亭，原想休息一下再赶路，谁知连日旅途劳累，加上心情一直郁郁寡欢，竟坐在石凳上睡着了。

恍惚中，他感到四周人声鼎沸，许多农民喊着追赶拼命奔跑的自己。不一会儿，便体力不支，踉踉跄跄，被农民们追上了。那些农民把他的手脚捆起来，把一块粪桶板塞进他口中，直往他肚里送。他猛然惊醒，却见周围空无一人，才知是一梦而已。

王安石正在为这个怪梦烦恼时，官路上走来一位白发稀疏的老人，那老人手执破旗，旗上写着

“看相、算命、测字”。他忙起身唤那老人进来，说要解梦。待老人走进凉亭坐下，听完王安石说的梦，怔怔地看着王安石，连说：“好梦，好梦，恭喜你啦。俗话说，‘宰相肚里好撑船’，老百姓把粪桶板塞进您肚里，是告诉您日后能做宰相，希望您做宰相后不要忘记他们。”王安石便赏给老人好几两银子，继续赶路。

想不到，到了神宗熙宁三年（1070），年轻的神宗皇帝果真起用王安石为宰相。王安石成了改革派的首领，他积极变法，采取许多对农民有利的政策措施。

王安石死后，剡县老百姓为了纪念他在凉亭做梦这件事，便在这座亭旁建造了一座公祠，因为王安石号“荆公”，便叫王荆公祠。当地老百姓又尊奉王安石为太平乡乡主，所以王荆公祠又叫太平乡主庙。20世纪90年代末，该庙修葺一新，香火旺盛。

财主罗星亭

据民国《嵊县志》记载：“罗星亭，在县东十五里崇信乡七都棠溪。村西数百户，一望平畴，绣壤交错，还以长堤，隐若城郭，柳荫一带，莺语千声，堤以外巍

然高矗者为罗星亭。”罗星亭，原名文星亭，俗名螺青亭。

民间传说，这个“螺青亭”是东乡张婆坞村一个土财主所建。相传清朝光绪年间，有一个姓单的财主，祖辈传给他山林几十亩、良田几十亩，他说不上腰缠万贯，但在这穷乡僻壤的山区，也算得上是“富人”了。这单财主非常节俭，也很吝啬，平时穿着土气，与一般人没两样，看不出是个财主，只是不干农活，家里田地全都交由几个雇工操持。他整天无所事事，每逢城里有集市，他市市必到，东看看，西望望。

有一天，他照例来到城里赶集，晃晃悠悠走进一家店。这店经营的是衣服，他手握长烟斗把折叠得整整齐齐的衣服一件一件挑起抖开，形似在挑选。店主一看，又是这个“熟客”，马上就憋了一股气。

因为这人经常进来挑衣服，但从来没有买过衣服。再看他的衣着模样，估计也不是有钱之人，这人今天看来又是“老套路”，不是来买衣服，只会把衣服弄得乱七八糟。

店主实在憋不住气了，就放重了声音说：“你不要再把衣服弄乱了，你又不会买！”这话语气有点重，旁边的顾客齐刷刷盯上他，这下可伤了单财主的脸面，他立即回应了一句：“你怎么知道我不会买？我盘了你的店都有可能！”“你会买？你买一件我送一件！”

两人你一言我一语地吵起来，围观的人越来越多。这种场面下，两人都下不了台。店主想，这人没钱，今天肯定又不会买衣服的。而单财主认为这店不大，也没多少衣服，今天当着这么多人，面子可不能丢。就这样，店主真的来了个“买一送一”，而单财主真的把这店“盘”了。钱货两清，衣服就堆在店门口街上，围观的人包括店主不禁感叹：看不出这人还真是有钱人，这么多衣服买了怎么穿?

只见这单财主只挑选了几件衣服，剩下的还有一大堆，正在大家疑惑时，这单财主掏出火柴，“咔嚓”一声点燃了堆在地上的衣服，看得围观的人呆若木鸡。很快，大家回过神来：“啊！这人要烧毁这堆衣服，那我们捡来可以穿啊。”人群中胆子大点的先开始行动了。见有人出手，大家一哄而上，在火堆中争抢衣服。结果衣服还是烧毁大半，惋惜之中，大家骂这人不义。大伙心中暗想：虽然你有钱，但不能烧了衣服，你不要这些衣服，你可以将衣物赠送给大家的。

好事不出门，坏事传千里。这事一传十，十传百，不久传到了知县的耳朵里。县太爷知道了这事，认为这人会把店盘了，一定是有钱人，但是盘下来的衣服在街上当众烧了，性质恶劣，必须惩罚。他左思右想，这单财主不是很有钱吗，烧衣服等于烧钱，钱多得要烧掉呢！与其用来挥霍，不如用来为民办实事。

经过一番思量，知县决定让财主在长乐江与新昌江交汇的剡溪中建造一个凉亭，一来供人休息，二来增添风景。明眼人知道，在二江交汇的溪中建造凉亭，溪水湍急，难度不小，花费不少。

这天县太爷命衙役把单财主"请"到县衙，把建造凉亭的任务向单财主做了交代，表示如不完成"任务"就不用回去了。这其实是把单财主给"软禁"了。单财主只得听从县太爷的命令，组织民工开工建造，通过大半年的艰苦建造，第二年初春，终于建成了"罗星亭"。

二戴留遗风

东晋立国后，大量北方世族和士大夫南迁江东，会稽属望地，剡溪嵊素已著名，戴逵为了寻找一个适合自己的理想环境，实现终身为之奋斗的浩然之志，故以

剡县为“舍是焉取”之所。此后，在戴逵父子的影响下，他们的住所被命名为“二戴书院”。

戴逵聪明过人，博览群书，喜好六艺之术。十来岁的时候，有一天他不慎打破了一个鸡蛋，顺手用绢布抹去，等到第二天，他发现那块绢布竟硬成一团。

他大受鼓舞，立即找来破损白瓦研磨成屑，打了不少的鸡蛋，滤去蛋黄，再将白瓦灰兑入蛋清之中，反复揉搓，最后做成一碑，并命名为《郑玄碑》，还亲自写了碑文，用刀把文字刻到碑上。凡是见到这个碑的人，个个都赞叹不已，认为这个小玩意儿“词美书精，器度巧绝”，一时传为美谈。

对艺术的不断探索与追求时刻激励着戴逵前行，与生俱来的创造力更是让他光芒渐起。有一次，戴逵随父游建康（今江苏南京），只见沿途山清水秀、柳暗花明，他激动不已，常立船头，一站数小时不归舱。特别是那渔翁身披蓑衣，头戴斗笠，驾一叶小舟，在烟云浩渺的水波之中，时出时没，时隐时现，悠闲自在，无虑无忧，真是令人羡慕！

到了建康之后，他父亲带他来到著名的瓦棺寺。这瓦棺寺的住持原本是风流儒雅之辈，后因犯事出家，但俗缘未了，故此瓦棺寺竟成了当时建康城中文人雅士聚居的地方。当戴逵随他父亲来到瓦棺寺时，正逢当时著名画家王蒙在这里为人作画。戴逵见了，便觉大开眼界。

王蒙素与戴家有旧，今见戴家父子到来，昔日也隐隐听说戴逵是个神童，便要他现场作画一幅。戴逵推辞不过，随即蘸足浓墨，一气呵成，画出一幅《渔翁图》来。原来戴逵乘船顺江而下时，见着江上渔翁后，便久久不能忘怀，早在心中勾勒了这幅图。

王蒙原本是晋朝画坛旗手，见戴逵三下两下，一挥而就，甚是高兴。再细品画风画意，更觉气韵不凡、潇洒俊逸，大为慨叹。他以独具之慧眼，透过这幅《渔翁图》，料定戴逵必非仕途之庸人，定为山川之高士。因而感叹道：“此童非徒能画，亦终当致名。恨吾老，不见其盛时也。”

王蒙虽非公卿王侯，却因画名显赫而为世人景慕，且心性极高，骄人傲物，从不轻易褒扬他人。如今竟如此盛赞戴逵，周围的人便知戴逵确实不同凡响，都对他格外地另眼相看了。

后戴逵来剡后，频频与高僧名士结交，访谢安，为其操琴；赴石城，听支遁讲经。王羲之邀他和许询住金庭，故有许家坂、戴公山。

王子猷雪夜访戴成为美谈。戴逵之后，其子隅承父业。二戴人品高洁，铮铮文人风骨，也为二戴书院增添了一抹亮色。

书圣金庭观

一天深夜，月黑风高，一个黑影跳墙而下，蹿进了右将军家（今金庭观）。此人名树立，是邻村著名的懒汉，常干些不见光的勾当。而右将军，便是当时有名的书法大家——王羲之。树立借着夜光，探身张望，伺机作案。他翻遍了房间，不见值钱的家当，甚是不悦："本想将军府富贵，可不想穷成这德行，真是徒有虚名！切，真晦气！"

正叹气、咒怨间，突然看见院子里有一只大白鹅正酣睡。早闻右将军喜欢白鹅，不想还真有。"肯定是稀有的品种，逮了它，总比空空而回强。"想着，三下两步飞过去，抱住大白鹅，想走。可大白鹅哪肯束手就擒，挣扎着，大声吼叫"唵嗯、唵嗯——"。

树立惊慌，手一下使劲，拗断了大白鹅的脖子。亡羊补牢，为时已晚。大白鹅这一叫，惊动了将军府的护卫。护卫一把揪出了躲在柴房的树立，一见将军心爱的大白鹅断了气，火冒三丈，三下五除二，把树立捆绑在了屋柱上，厉声呵斥，伸手便要狠狠打去。

右将军惊闻府中闹贼，循声而来，立刻制止了护卫。他端详起这笨贼，一眼就认出是邻村的懒汉树立。“大胆毛贼，敢冒犯将军府！”“伤了我家老爷的大白鹅，可恨，可恶，可气！”家人们七嘴八舌，急不可待地提出要立刻将小偷送官府严办。

右将军沉默片刻，伸手止住了纷纷的议论，一手抱起了大白鹅，“哎，可惜——可惜——”转身面向树立：“树立呀，树立，你年纪轻轻，怎么不自立呢？如此见不得人的勾当，断不是君子所为。”树立听罢，无地自容，不禁流下悔恨的泪水。右将军暗自忖道：“如今国家分裂，政局不稳，豺狼当道，民不聊生，谁之过？黎民在于教化，相信树立并非无药可救。”沉思一番后，面对树立，亲自为其松绑，并牵其手踱步到了书房。

只见将军展纸蘸墨，提笔写下了一个斗大的“法”字，亲手递给树立，语重心长地说：“树立，今夜将此字赠与你，望你自重，心怀法度，改过自新，勤劳自立。”“将军，树立立誓，从今以后，绝不再伸手！大丈夫说到做到！”树立当场发誓。

的确，将军的谆谆教诲，树立谨记心中，下定决心改头换面，重新做人。他抱着王羲之的亲笔墨宝回到家，妻子见了，又惊又喜，以为又是丈夫深夜偷盗来的，不禁眉开眼笑：“这个字可是宝贝，你怎么来的？王羲之的字可值钱哩！几天前，听说县官老爷请他写副对联，送去银子百两，他都没肯写。这幅若真是王公亲笔，至少值纹银五十两，明天拿到市场变卖，定能发一笔横财。”

树立听罢，脸唰地红起来，面露不悦：“妇人之见，休得胡说！这里面可是藏着做人的道理！”

溪山第一楼

“喜览溪山第一楼，神工鬼斧醉凝眸。三雕绝艺千秋颂，四杰奇珍万古讴。”溪山地处浙江省嵊州市城西北鹿胎山麓，建于清代，系借宋朱熹登鹿胎山赏景时的赞语“溪山第一”为楼名。

溪山第一楼留给人们亘古未变的景观，则是它巧夺天工的雕塑。此楼雄踞于万年永固的石砌台基上，为歇山式重楼建筑。楼房四周为檐廊，围以石壁栏杆，栏杆外方有花卉浮雕。台基东、南、西三方嵌有八幅“博古图”石雕，其中一幅只见鹿行山上，口衔仙草，回眸远眺，活脱脱地刻画出鹿衔仙草、救活产妇的生动故事。

相传，一年冬天，连日寒风凛冽、大雪纷飞，漫山遍野白茫茫一片。当时有个打猎能手，名叫陈惠度，住在这山东边的一间茅屋里，家贫如洗，靠卖柴、打猎度日。这天，他饿着肚子，拿着弓箭，出门来到北坡，抬头一看，只见前面悬崖之下隐隐伏着一只梅花鹿。他俯下身子，蹑手蹑脚移步向前，定睛一看：“这梅花鹿骨瘦如柴，冻得瑟瑟发抖。"陈惠度认定这次已十拿九稳了，于是扳起弓来，"嗖"地一箭，射中了那只饿鹿的后膈。母鹿受伤后，强忍痛楚，产下了小鹿。它一面流着血，一面用舌头舔干了小鹿身上的胞浆水。不久，母鹿倒在血泊中死去。

惠度看到这般情景，心灵受到震撼，随即抛弃弓箭，进入寺院做了和尚，只留下妻子和年幼的孩子在家艰苦地生活。"母鹿临危产子，屠户放下屠刀"的故事口口相传，这座山也被后人称作"鹿胎山"。

后来，妻子含辛茹苦地把儿子拉扯大，并且想方设法让儿子娶了媳妇，组成自己的家庭，儿媳也很快有了身孕，一家人总算过上了还算和美的生活。本来以为好日子就此来临了，可生活却又给这户清苦的人家出了一道难题。

第二年年底，大雪封山，道路都阻滞不通了。

鹿胎山地势险要，难以出门，儿媳面临难产，失血过多。眼见情况危急，命在旦夕，一家人却始终想不出什么应对之策。

正当婆婆束手无策之际，忽然传来一阵敲门声。她打开大门，只见一只嘴上衔着一束鲜草的母鹿，眼巴巴地望着婆婆。婆婆会意，赶忙把鲜草煎汤给奄奄一息的媳妇喝下。没过多久，奇迹竟然发生了，媳妇渐渐有了精神，并顺利产下一子。

原来，冬去春来，母鹿当时受伤鲜血染红的土地上长出了一丛“仙草”来。这只充满灵性的鹿，衔来仙草，挽救了两条性命。此草也因此被称为“鹿胎草”。此事被雕刻下来，传为美谈。

万物皆有灵，溪山第一楼的雕刻艺术广受赞叹，更是与其中许许多多的故事与深厚动人的真情有关。溪山第一楼，也因此广受盛名。

鹿门书声长

鹿门书院坐落在嵊州风光旖旎的芦峰山麓，此地因古木参天、时时得闻鹿鸣之声，故称“鹿门”。书院创始于南宋淳熙元年（1174），由吕规叔创办，距今已有

八百多年的历史。现存建筑为清嘉庆五年（1800）重修，是一座四合式楼台建筑，底层为石砌台基，南、北两面各建一个拱券洞，中间是正方形的天井，台基之上构建木结构房屋，四面相向，回廊相通。

吕规叔为什么要在此地创办鹿门书院？查遍古书，方才领会。关于创院的缘由有一段颇为心酸的过往。吕规叔出生于世家“中原望族”，秉性“中通外直，不蔓不枝”。

南宋初年，金国铁骑入侵，朝廷上下意见不一。秦桧和宋高宗主和，吕规叔因坚持主战而得罪秦桧，被弹劾贬职至义乌。虽然多年后平反昭雪，也曾有机会再次当官，但他已无意仕途，决断官念。因妻子籍嵊州，又考虑此地无书院，便想在此风景迷人、历史名人辈出的胜地建一书院。

故迁至嵊州，在鹿鸣呦呦之地，带来一批东阳的能工巧匠，花费多年的时间建造书院，教读童子，以弘扬“为大地主心，为生民立命，为往圣继绝学，为万世开太平”的夙愿。

吕规叔的侄子、丽泽书院的创办者吕祖谦来到鹿门书院讲学。吕祖谦是南宋理学浙东学派的代表人物，与朱熹的闽学派和张栻的湖湘学派并驾齐驱，一时间，绍兴、宁波等地的学生慕名而来。

淳熙七年（1180），鹿门书院又迎来了当朝第一学者——与吕规叔素有交往的大哲学家朱熹。史书记载，浙东大饥，时任浙东常平盐使的朱熹来嵊赈灾，访吕规叔于鹿门，并在鹿门书院讲学，题写“贵门”二字，自此鹿门改为贵门。

借赈灾之便而来鹿门书院讲学，多少有点不务正业之嫌。朱熹以道德文章见长，但并非迂腐古板的冬烘先生，有时看书看到头晕眼花，也会发发

"书册埋头无了日，不如抛却去寻春"的牢骚。讲学之余，朱熹到白宅墅吕规叔的草堂溜达，看到四周老梅怒放如琼花，便大发诗兴，挥笔题下"梅墅堆琼"；见村口的访友桥下泉水叮咚可爱，又书"石泉漱玉"。

至宋末的光景，恰逢宋代书院教育的极盛时期。鹿门书院已传到吕规叔的儿子吕祖璟一代，有了官办的意味，并有了大幅度的教学改革。吕祖璟本来是一介书生，面对敌人的金戈铁马而投笔从戎，后来官至淮南安抚使。因与当时的宰相韩侂胄不合，他走了父亲的老路——辞官，将心力都放在书院上。

吕祖璟继承了父亲的文化教育事业，又把练武纳入教学之中，从此，鹿门书院成了全国少有的培养文武全才的地方。当时，东侧是更楼，西侧是书院，南面的操场就是演武场，贵门到白宅墅的乡路是骑马射箭的场所。

至此，鹿门书院走上了多样化的发展之路，吕规叔的后人也秉承着其建院的初衷兴学教人，在鹿鸣声中，继续着为往圣继绝学的夙愿。

善缘天章塔

天章塔，位于绍兴嵊州城关谢慕山巅，因山下有一村庄叫花田村，故又名花田塔。其与应天塔、艇湖塔齐名，被誉为“嵊州三塔”。而其俗名“花田塔”一名的由来，在嵊州民间有很多传说，其中最广为流传的莫过于和尚降恶蟒的故事了。

传说，嵊县本来是个山清水秀、风调雨顺的好地方，男耕女织，安居乐业，百姓过着幸福闲适的平静生活。而不知从哪一年起，东海的一条孽龙、峨嵋的一条大蟒，闯到了剡县。孽龙三年两头发威，导致嵊县不是一连数月的大旱，就是暴发平地变海的大水。大蟒更是趁火打劫，夜间出来伤人害畜。不过三五载的光景，嵊县城内已经是白骨遍地，百姓们叫苦连天，好不凄凉。正当人们苦苦挣扎在悲惨境遇中时，他们迎来了命运的转折点。

一天，嵊县西乡的鹿苑寺来了一位智善和尚。他一踏进嵊县境内，只见田荒山光，村子毫无人烟，男女瘦如柴，各个低头疾走。智善和尚心中暗自道，此处定是有妖魔作祟，一经打听，果然如此。为了恢复百姓们曾经安适平静的生活，他就下定决心，一定要剪除孽龙、恶蟒。智善和尚有三件法宝，即一件华光袈裟、两座玲珑宝塔，不论走到哪里，都随身带着，但从不轻易动用。

一夜二更时分，智善和尚在县城后面的鹿胎山上观察动静。果然，不到一炷香工夫，从东南方向飘来一股腥臭气味。他抬起慧眼一看，在离城十多里处，一条头似簟箩、嘴如畚斗，足有廿把丈长的大蟒，向上洋方向游去。智善和尚马上从袖内取出金光闪闪的宝塔，手一扬，就飞了出去，不偏不倚，刚好落在蛇头上。大蟒遭到这一意外袭击，扭动身躯，甩起尾巴，拼命挣扎。可怎么也摆脱不了越来越高大的宝塔。不久，大蟒扭曲的身躯，变成一座蜿蜒起伏的小山。因为塔在十里花田旁边，后人就叫它“花田塔”。

此后，智善和尚又降服了孽龙，龙身慢慢隆起，不一会，变成了一座连绵的小山。宝塔高高矗立在山顶上。因为它在艇湖边，后人叫它“艇湖塔”。

当地的百姓对智善和尚为他们赶走了作恶的大蟒、孽龙，心怀感激，想要设宴感谢他，而智善和尚却在降伏恶蟒后就离开了，只留下一句：“所缘之事，皆诚善念。”由此可见，智善和尚善良正义之心性。

智善和尚的降恶宝塔，至今仍在，百姓在塔下过上了“花开遍野，暮落蝉鸣”的美好生活。